猫语大辞典

MIAOU !!

LE GUIDE DU PARLER CHAT

（法）让·库维勒 著
（法）让-伊夫·格拉尔 绘
李泓淼 译

化学工业出版社
·北京·

MIAOU !! - LE GUIDE DU PARLER CHAT, by Jean Cuvelier, Jean-Yves GRALL
ISBN 978-2-03-600735-2

北京市版权局著作权合同登记号：01-2023-0190

图书在版编目（CIP）数据

猫语大辞典 /（法）让 · 库维勒著；（法）让 · 伊夫 · 格拉尔绘；李泓淼译. —北京：化学工业出版社，2023.1（2024.7重印）

ISBN 978-7-122-42463-1

Ⅰ. ①猫…　Ⅱ. ①让…　②让…　③李…　Ⅲ. ①猫－驯养－词典　Ⅳ. ① S829.3-61

中国版本图书馆 CIP 数据核字（2022）第 206022 号

责任编辑：王冬军　张　盼　　　装帧设计：王　静
责任校对：刘曦阳　　　版权引进：金美英

出版发行：化学工业出版社（北京市东城区青年湖南街 13 号　邮政编码 100011）
印　　装：盛大（天津）印刷有限公司
880mm × 1230mm　1/32　印张 4½　字数 23 千字　2024 年 7 月北京第 1 版第 2 次印刷

购书咨询：010-64518888　　　售后服务：010-64518899
网　　址：http://www.cip.com.cn
凡购买本书，如有缺损质量问题，本社销售中心负责调换。

定　　价：39.80 元　

前言

Avant-propos

恐怕没有人会在自己一点外语都不会的情况下独自去异国他乡吧。然而当你收养了一只猫咪却还不能“听懂猫咪说话”时，恰恰就是在做同样的事！

想要了解你的猫咪，就要去观察它、倾听它，分析它的行为。其中包括猫咪的眼睛、耳朵、胡子、嘴巴的动作、目光、尾巴的动作、声音、与其他个体间保持的安全距离、身体姿势、皮毛的状况、标记、爪子……

每个细节中都包含信息，将所有信息汇总在一起，再结合当时的情景，我们就能知道猫咪想要表达的意思。每一个姿势、动作、表情、声音和行为都像是一个单词，把它们连在一起就组成了一个有意义的句子。

收集的信息越多、越一致，我们对猫咪所表达意思的理解就越可靠。

当然，随着时间的推移，某一天你一定能够听懂新宠物的喵言喵语。但是如果上几堂课就能更好地避免误解，让你更快地掌握猫咪语言的所有微妙之处，又何乐而不为呢！这正是本书的初衷所在。读罢此书，相信你看待猫咪的眼光将与从前大不一样，你们之间的关系也将变得更加亲密。

目录

Sommaire

瞳孔

☆ 猫咪的虹膜色彩丰富，是猫眼中最明显的部分。瞳孔贯穿于虹膜中心，在瞳孔括约肌和瞳孔开大肌的控制下变大缩小。猫的瞳孔直径会随着光线变化而快速改变，同时也会受到猫咪情绪的影响。所以为了避免错误理解猫咪传达的信息，一定要始终结合瞳孔形状、耳朵、眼睑和尾巴等多方面的信息进行综合判断。

瞳孔缩小：高兴还是不高兴？？

我处在烈日下或阳光充足的环境中： 猫咪的瞳孔缩小成一条细长的垂直狭缝，以避免光线大量进入眼睛而引起目眩。

我很放松： 此时你的猫咪对周围环境很信任，内心平静，完全放松，没有任何恐惧心理，也不会在意周围发生的事情。

我很生气： 猫咪双耳向两侧竖起，眼睛紧盯令它愤怒的对象。此时收缩的瞳孔是自信的象征。猫咪在对手面前摆出一副高高在上的姿态，喉咙发出嘶嘶的声响，并低声怒吼以示警告。这时候最好让猫咪独自平静一会儿，以免受到它的攻击。

爱猫须知 ❤

瞳孔缩小有助于猫咪的视觉调节和近距离视物。

平静时刻：缩小的瞳孔和松弛的体态都表明猫咪此时放松了戒备。

猫咪发怒时，瞳孔缩小说明它十分自信。

瞳孔（续）

瞳孔轻微放大：一切正常

我在室内照明光线下：为了适应周围的光线，猫咪的瞳孔会扩大，并将视力调整到最佳状态。

我清醒且放松：猫咪精神放松，专注于自己的日常消遣。

瞳孔放大：警戒状态……

我在一个光线昏暗的地方（地窖、阁楼、花园棚屋……）：猫咪扩大瞳孔以提升视力。

我看到了朋友、食物或潜在的猎物，我好兴奋：猫咪双耳向前竖起，以便获取尽可能多的信息。

我感到惊讶、恼怒、焦虑或紧张：严阵以待中。猫咪的瞳孔大小会随着它的情绪起伏而飞快变化！当您抚摸自己的猫咪时，如果它的瞳孔开始放大，尾巴不停地摆动，说明它现在心烦意乱。这时候最好停手，否则有可能受到它的攻击……

爱猫须知 ❤

随着年龄的增长，猫咪的虹膜上可能会出现色素斑点。有些斑点是良性的，但有些可能是恶性的（黑色素瘤）。只有活检才能做出准确的诊断。如果是恶性肿瘤，建议在早期进行切除。

瞳孔轻微放大：一切正常。

瞳孔放大：什么东西引起了它的注意。

瞳孔（续）

瞳孔极度放大：化身蝙蝠（侠）还是焦躁不安？

我在夜幕中巡逻领地： 猫咪主要在夜间活动。瞳孔扩大能让尽可能多的光线进入眼睛，而且猫的视网膜对微弱的光线十分敏感，因此同等光线下猫的视力能达到人类的六倍。

我惊慌失措，恐惧万分： 猫咪双耳向后压低，紧张地注视着它所害怕的对象，如果它感受到威胁，会随时准备躲起来、逃跑或攻击。此时猫咪处于不受控状态，因此不要一味地想要去抓住它，一只受惊的猫通常会发动非常猛烈的攻击。

就医指南

瞳孔不对称（瞳孔不等大）

我的瞳孔肌肉控制神经受到了损伤：不要拖延，立即就医。

瞳孔持续放大

我误食了有机氯杀虫剂、聚乙醛灭螺药，或患上了神经性疾病：如果是中毒，还会有消化、呼吸、心脏和神经等其他方面的症状。无论情况如何，都必须立即就医。

瞳孔持续收缩

我误食了有机磷化合物或氨基甲酸酯杀虫剂，或患上了神经性疾病：

在中毒的情况下，还需要观察猫咪的消化、呼吸、心脏和神经等方面的症状。无论何种病因，都必须尽快去看兽医。

一点微弱的光亮
就能让猫咪看清楚周围的环境。

你的猫咪瞳孔不对称，持续放大或收缩吗？
解决办法：看兽医！

眼睑

☆ 眼睑保护眼球免受外界的伤害和光线的刺激。它们能够清洁眼睛，将泪液扩散到角膜表面，防止角膜干燥。眼睑如同小帘门一样，可以调节猫咪的视野。它们对目光的表现度也起着非常重要的作用。

眼睑闭合：请给我一点个人空间！

我睡着了： 猫咪的睡眠从眯眼开始。在睡觉的过程中，猫咪会做梦，激动时还会做一些小动作。这个时候可别叫醒它，它正睡得香呢！

你盯着我看让我感到不自在： 猫咪此时并没有感到威胁，只是更想闭上眼睛，躲在令它安心的黑暗中。如果你想吸引它的注意力，就不要再盯着它看，这样反而会吓到它。

眼睑半合：开心

我很放松，自信且满足： 猫咪如果半闭着双眼，说明它可能正在一个安全舒适的地方休息。此时的猫咪高枕无忧，并不需要专注地观察周围环境。

眼睑张开：严阵以待

我很专注： 此刻猫咪正专注于手头的事物（吃饭、玩耍、捕捉猎物、巡视领地……），对周围的环境十分警惕。此时张开的眼睑能够扩大它的视野。

睡梦中，猫咪的眼睑、嘴唇、胡须和爪子有时会颤动。

眼睑半合，脸上露出怡然自得的神情，说明猫咪此刻十分开心！

眼睑（续）

眼睑大张：大事不妙……

我感到惊讶、害怕或愤怒： 眼睑大张可以让猫咪的眼睛最大限度地捕捉光线。通常此时猫咪的瞳孔也会扩张到最大。

眨眼：与猫咪交流的法宝

我对你没有敌意，眨眼睛说明我很平静： 如果你想吸引猫咪的注意力，就冲它眨眨眼，或者时不时朝其他方向看一看。确定你没有恶意之后，猫咪就会安心地向你走来了。

我的眼睛生病了（结膜炎、角膜炎……）： 猫咪眼睛患有疾病时，除了频繁眨眼之外，还常伴有结膜发红或流泪等症状。观察到这些现象时，需要及时带猫咪就医。

就医指南

第三眼睑（瞬膜）脱垂

猫角膜的一部分被一层粉红色的薄膜（即瞬膜）覆盖，这层薄膜位于内眼角一侧，在角膜和下眼睑之间。如果猫咪的双眼同时出现第三眼睑脱垂现象，那么可能是消化道中存在寄生虫或毛发团。如果只有一只眼睛出现这种异常，则很可能是由眼睛疼痛（角膜炎、角膜溃疡）引起的。无论哪种情况，都需要及时就医。

突然出现了一声不寻常的巨响？
猫咪会一下子警觉起来，眼睛瞪得大大的，瞳孔放大，耳朵朝向声音的方向，随时准备应对危险。

目光

⭐ 在猫咪和其他个体的互动中，目光能传达出二者之间关系的紧张程度。通过瞳孔、眼睑和其他沟通渠道传递的信息，会在猫咪目光的加持下增强或减弱。

目光直视对方双眼：我是你的老大

我想震慑我的对手：在直视的目光下如果对方并不屈服，猫咪会毫不犹豫地实施攻击。如果你想亲近一只猫咪，最好不要盯着它看，否则会惹毛它哦。

目光躲闪：离我远点！

对方让我感到局促不安或我想静静：猫咪躲避对方的目光是为了保持冷静，避免冲突。如果你想接近一只陌生的猫，最好用余光悄悄看它，这样才不会吓到它。

爱猫须知 ❤

让猫咪想要靠近你的好方法就是忽略它。这就是为什么猫咪经常会被不喜欢它们的人所吸引！然而，吸引一只猫咪最好的方法就是冲着它眨眨眼。

有些猫咪天生自带王者风范!

从某种意义上来说，躲闪的目光也是一种和善的信号："我没有恶意。"

耳朵

☆ 猫咪的耳朵非常灵活，可以转向任何方向，并且能够精确定位任何微小声音的来源。猫的耳朵对45~64000赫兹频段的声波十分敏感，可以捕捉到人类耳朵听不见的声音，比如小型啮齿动物发出的超声波。因此，耳朵的位置便成了能够准确反映猫咪情绪的晴雨表。

耳朵竖起：风平浪静

我很放松，内心平静：猫咪在睡觉、吃饭、喝水、散步或洗澡时，耳朵都呈竖起状态。这表明它很放松，没有什么特别情绪。

耳朵竖起并向前伸：嗯？什么声音？

我听见了不同寻常的声响，是从那边传来的：听到人或动物的脚步声、倒猫粮的声音、玩具声或小型啮齿动物的叫声时，猫咪就会将耳朵竖起并向前伸，以便探听。它会根据不同的情况准备好下一步的行动。

爱猫须知 ❤

猫咪十分害怕嘈杂的声音！对猫咪而言，噪声与幸福是一对反义词，完全对立。指责声、孩子的哭声、犬吠声、门发出的哐啷声、吵闹的音乐声…… 听到这些它一定会快速逃离。

内心平静时，猫咪的耳朵会保持竖起状态。

一旦有声音吸引了它的注意，猫咪就会调整它的耳朵朝向声源的方向。

耳朵（续）

耳朵侧卧：想打架吗？？

我很紧张或恼火： 看到猫咪的耳朵向侧面卧倒时，最好让它单独待一会儿，冷静一下。如果你在给它梳毛或抚摸它的时候发现这种状况，最好赶快停手，不要惹它发火。

耳朵向后平贴：准备攻击

我很害怕，惊慌失措： 耳朵呈这种状态时，猫咪已经做好了"拼死"抵抗的准备。猫咪越害怕，耳朵就贴得越低。当耳朵完全平贴时，虽然什么都听不见了，但却能防止耳朵被对手抓伤，这是猫咪一种本能的自我保护机制，许多好斗的公猫伤痕累累的耳朵就是证明。一定要记住，猫咪惊慌失措时会失去控制，如果这时候惹到它，会受到异常猛烈的攻击。别说我没告诉你哦！

耳朵向两旁或后侧卧倒……

……猫咪的耳朵告诉你：小心点，我现在脾气可不好！

胡须

☆ 猫咪的胡须十分显眼，位于鼻子两侧上唇的上方。这些如同传感器一般的长毛被称为“触须”，它们深深地扎根在皮肤里，并被许多神经末梢包围。最轻微的触碰或空气流动都能被这些触须感知到，它们能在一片漆黑中指引猫咪前行，帮助猫咪潜入狭窄的通道，还能让猫咪在很远的距离外勘察一个物体或猎物。触须的底部有许多小块的立毛肌，猫咪在不同情绪下或做不同事情时，立毛肌能控制触须向前伸或往后缩。不同品种的猫咪胡须的长短和外观也不尽相同。比如缅因猫的胡须就很长，而加拿大无毛猫（也称斯芬克斯猫）通常不长胡须。

胡须根根分开，自然垂落：悠闲自得

我很平静、放松： 此时猫咪身心放松，正平静悠闲地做自己的事情。

胡须朝前：有点好奇

我在行动中： 胡须朝前，猫咪可能在自己的地盘里嗅到了食物或其他什么气味，正在用胡须丈量一条通道的宽度，或者它正在玩玩具，也可能是要靠近自己喜欢的人或动物。它越是好奇，胡须就往前伸得越长。

一切正常：你的猫很平静，耳朵竖起，胡须垂落。

胡须朝前说明周围的环境激发了猫咪的好奇心。

胡须(续)

胡须稍稍向后: 谨慎……

面对陌生的环境我有些不安: 面对陌生的环境, 猫咪会谨慎地将胡须缩向后方, 尽量减少它的存在感。

胡须贴在脸上: 救命啊!

我好怕啊, 为了保命我要发动攻击了: 猫咪的胡须和耳朵越是向后贴, 它就越有可能发动攻击。面对这样一只猫, 还是三十六计走为上。

耳朵和胡须轻微向后表明猫咪有些焦虑。

忍无可忍、愤怒异常时，猫咪就会换上一副暴怒面孔，“抹去”胡须和耳朵，戴上恐吓面具！

嘴巴

☆ 除了需要发出声音时，猫咪只在极少数情况下才会张开嘴，比如伸出舌头舔嘴唇，龇牙咧嘴吓唬对手，张嘴伸展咀嚼肌，或者张嘴方便吸气。

一直张着嘴：太热或不舒服？

我热得受不了，张嘴喘气好凉快一些：和人类不同，猫咪几乎不会出汗，所以它们只有通过张嘴喘气才能有效地排出热量。年幼、年老或生病的猫咪对高温更加敏感。为了避免猫咪中暑，要确保家中一直有新鲜的水供应，注意房屋通风，还可以用湿毛巾擦拭猫咪的身体。

我患有呼吸系统疾病（鼻炎、胸腔积液、哮喘、肺水肿……）、心脏疾病（心力衰竭）或血液疾病（贫血）：如果血氧饱和度降低，猫咪舌头的颜色就会变暗。这时候一定要尽快带猫咪去看兽医。

龇牙咧嘴：猫咪很生气，后果很严重……

我很生气或害怕：猫咪龇牙咧嘴说明已经准备好要自卫了。随着恐惧感或愤怒值的增加，猫咪会露出牙齿以示威胁。这个时候千万别去招惹它，否则它就要发动攻击了……

猫咪的祖先来自沙漠，所以它们对水的摄入非常少，这个习惯一直保持到了现在。天气很热时，尤其在猫咪进食过后，除了它的水碗，再给它专门准备一个水龙头，好刺激猫咪多喝水。

嘴巴（续）

嘴巴大张：打哈欠

猫咪刚睡醒，想吃东西了；感到有压力或十分沮丧： 猫咪闭着眼睛，嘴巴张到最大限度，犬齿露出，舌头弯成勺子状。这种极富感染力的哈欠通常还会伴随着一个大大的懒腰。

嘴巴半张：秘密武器，裂唇嗅

猫咪在自己的地盘里发现了其他动物留下的信息素： 当猫咪闻到其他动物留下的信息素，也就是我们常说的气味时，它会用鼻尖轻触这个地方使其变得湿润，然后张开嘴巴，抬起上唇，皱起鼻子，用嘴轻轻地吸气。

信息素是由腺体分泌的，这些腺体分布在猫咪的脚趾之间、肛门周围、下巴、脸颊、嘴唇周围以及泌尿器官和性器官的黏膜上。

除了肛门腺的分泌物有一股难闻的气味之外，其他腺体分泌的信息素气味都不浓烈，以人类的嗅觉几乎察觉不到。面对不同种类的信息素，猫咪也会做出不同的反应。

如果闻到面部腺体释放的舒缓信息素，猫咪就会很安心。闻到性信息素时，猫咪会兴奋起来。如果是告警信息素，猫咪就会立刻警觉起来，严阵以待。

舔嘴唇：有点儿紧张

身处全新或令人不安的环境，我有点不自在：这时候猫咪会试图通过舔嘴唇来缓解压力。如果此时你正在抚摸它或给它梳毛，那么请先暂停一下，让猫咪自己平静一会儿吧。

目光锁定、上唇抬起、嘴巴半张……猫咪并不是在冲你微笑，而是在用嘴吸入空气，以便用犁鼻器（鼻腔前面的一对盲囊，开口于口腔顶壁的一种化学感受器）分析环境中存在的信息素。

尾巴

☆ 猫咪的尾巴非常柔软灵活，是全身最引人注目的部位。尾巴会根据猫咪的心情发生变化，时而静止，时而摆动，还能“膨胀”起来。尾巴也是猫咪保持身体稳定的平衡器。

尾巴顺滑且竖起：生活真美好！

我很高兴、好奇或期待：猫咪的尾巴呈现这种状态时，它可能正在自己地盘的某个地方摩擦以留下标记，或是刚刚听到倒猫粮的美妙声响，也可能是看到一个朋友正向它走来。

尾巴竖起颤动：准备“投弹”

我要撒尿做标记了：猫咪把屁股转向一个直立的物体（墙、树、家具……），伸直尾巴开始颤抖，并喷出一些尿液。这不是普通的排尿，而是为了做标记。

尾巴大幅度摇摆：我很不爽！！

我很生气或恼火：尾巴的这种动作是一种警告。尾巴摆动得越快，说明猫咪越生气。如果此时你正在抚摸它或给它梳毛，最好立刻停止！

尾巴顺滑且竖起：无事发生。

尾巴大幅度摇摆：猫咪很不爽……

尾巴（续）

尾巴炸毛：看到我有多强壮了吗？

我害怕或生气：猫咪将尾巴上的毛炸开使自己的体型显得更大，借以恐吓它的对手。如果对手并没有表现出屈服的姿态，猫咪就会发动攻击。尾巴的这种状态传达了一个很明确的信息：不要靠近，否则后果自负。

尾巴顺滑，呈水平姿态或落下：无事发生

我的情绪很平静：猫咪平时正常状态下，尾巴就会保持这种状态。

尾巴顺滑，放低，弯向一边：春心荡漾

我发情了：发情期间，母猫会将尾巴弯向一边，露出外阴。此时若有公猫从附近经过，交配的成功率会大大提高。（参见“脊柱前凸”一节）

尾巴放低，尾尖向上：这件事引起了我的兴趣……

我在暗中窥探：在向目标猎物接近的过程中，猫咪会非常谨慎地贴地前行。当猎物进入到捕捉范围后，猫咪会后爪蓄力，随时准备起跳扑抓猎物。此时猫咪的尾巴会轻轻摆动，这是它兴奋的象征。（参见“身体放低”一节）

尾巴叠在肚子下方：全体隐蔽！

我很害怕，处于守势：这种情景下，猫咪会缩向地面，并把尾巴藏在身子下面，试图使自己的身形尽量缩小。如果它害怕的对象没有消失，猫咪将竭尽全力保护自己。

为了威吓对手，猫咪不仅会竖起尾巴上的毛，还会竖起背部和颈部的毛。

猫咪在清晨散步时，尾巴会保持水平状态。

猫咪会把割草机或者噪声很大的吸尘器视作一种未知的威胁，吓得缩成一团。

叫声

☆ 有些人确信猫咪是会说话的，只不过说的不一定总是猫主人的母语而已。这就让人很无语了！虽然只是一个玩笑，但猫咪的词汇确实精妙又多样，而且会随着与人类的接触而不断丰富。有些猫咪比其他的猫咪更健谈，比如东方品种的猫咪就是如此，它们总是叨叨咕咕个不停，而波斯猫则惜字如金。一般来说，叫声越尖锐，说明猫咪的情绪越积极；叫声越是低沉，喉音越重，情绪就越消极；还有，叫声越强烈，猫咪的情绪也就越强烈，这一点从发情或愤怒的猫咪叫声中就可见一斑了……

喵喵叫“Meeeaou”：聊聊天吗？

我喵喵叫是为了打招呼、提出请求、抗议或寻求帮助：不同语调的喵喵叫表达了不同的意思。请仔细观察你的猫咪，根据当时的情境推断出每一声“喵喵”的含义。

猫咪冲着你喵喵叫，是在引起你的注意：如果它一边冲你叫一边看向门，是想让你开门。如果它走到它的碗前面叫，是想吃饭或者喝水。如果它摇着尾巴叫，说明它很不高兴。如果它此时独自趴在树枝上叫，同时看向地面，那就是在向你呼救！你越多地倾听你的猫咪，越多地回应它的需求，就越能鼓励猫咪与你交流，并扩展它的词汇。（参见“习惯”一节）

喵喵叫是猫咪寻求人类帮助的秘密武器。它们的语调多种多样，有命令的、抱怨的、抑扬顿挫的、尖锐的……当有需求时，猫咪会有目的性地发出不同语调的叫声！

叫声（续）

呼噜声“Rrrrr”：情绪大杂烩

我是一只小奶猫，暖和和地躺在妈妈怀里吃奶时，我就会呼噜呼噜叫；当我长大后，躺在主人的膝盖上，主人轻轻抚摸着我，我也会高兴地发出呼噜呼噜的叫声：猫咪在自己喜欢的人腿边蹭来蹭去时，会高兴地呼噜呼噜叫；看到自己的猫粮时，会满足地呼噜叫；自己梳洗打扮时，会沾沾自喜地呼噜叫。猫咪还会利用这种撒娇的叫声“操纵”周围的人帮自己做事情。当猫咪用这种方式向我们撒娇时，谁能抵抗得住而无视它的要求呢？

我生病时也会发出呼噜呼噜的声音，但这是难受的呼噜声：在这种情况下，猫咪的呼噜声具有加速组织愈合的功效，有助于身体康复。

低声怒吼“Fffff”和咳痰声“Ffttt”：谁惹它生气了……

我试图喝退对手，避免和它拳脚相见：猫咪牙关紧咬，舌头弯曲，嘴唇抬起，然后快速向外喷气，就会发出怒吼声。如果敌人不顾警告，走得太近，猫咪的怒吼中就会伴随咳痰声，这是猫咪发动袭击前的最后通牒了。

猫咪冲主人喵喵叫并不一定总是在要吃的。很多主人一听见猫咪喵喵叫就给它们喂食，久而久之猫咪都被喂胖了。其实这时候，简单地摸摸它，再温柔地跟它说句话，猫咪就会很开心了。

猫咪幼崽会在吸奶时冲妈妈发出呼噜声。长大后，猫咪的呼噜声能表达各种积极或消极的情绪。

叫声（续）

牙齿的咯咯声“Kkkkk”：那是一只鸟吗？

我看到了一个无法接近的猎物，我感到很沮丧： 当猫咪的牙齿咯咯作响时，经常也会伴随着尾巴的摆动，这说明它很激动。如果这时你想靠近它或者跟它做个游戏，好让它发泄一下情绪，转移注意力，最好先等它冷静下来再说。

就医指南

摔断牙齿： 猫咪牙齿断裂通常是由牙根损坏（牙齿被吸收）引起的。治疗时需要拔除患病的牙齿。

叫春声“Wwraou”：爱的眩晕

猫咪发情了，发出叫春的声音吸引附近的猫咪： 这种刺耳的叫声有时会被误认为是痛苦的尖叫。唯一有效的治疗方法是……绝育。（参见“脊柱前凸”一节）

爱猫须知

母猫6个月大之后就可以通过卵巢摘除术（切除双侧卵巢）进行绝育，这能抑制热度和声音表现。绝育后母猫不会再出现性尿标记和寻求性关系等行为，同时也能降低子宫感染的风险。

“要是这门上有个猫洞就好了，我就能逮住这只鸟把它吞掉了！”猫洞让猫咪能实现进出自由，是主人们对猫咪爱的证明，是送给猫咪最好的礼物。

个体间的安全距离

☆猫咪在与其他个体的交往过程中需要和对方保持一定的距离，这样猫咪才会觉得自身安全得到了保障，并感到舒适。安全距离的大小取决于二者间的关系以及猫咪的身体和精神状态。距离之内属于猫咪的个人空间，它就像是包围在猫咪周围的一个安全气泡一样，对方一旦越界，猫咪就会立刻逃跑，或发动防御式攻击；在没有脱身之计的情况下，猫咪甚至还会猝倒。猫咪越是放松，你和它的关系越亲密，你们之间的安全距离就越小。

零距离：充分信任

我很健康、放松、自信：猫咪和它的朋友们（人类或动物）在一起时，安全距离为零。这种状态下猫咪内心没有恐惧，能很愉快地接受其他个体的接触和抚摸。猫咪在幼年时期受到的爱抚越多，长大后就会越享受他人的抚摸。

爱猫须知

无论是在追逐别人还是被别人追逐时，猫咪总是喜欢往高处跑，树枝、矮墙、架子、衣柜、冰箱……这些都是猫咪爱攀爬的地方。这样栖息在高处，既能远离人群又能避开他人的视线，猫咪可以安全地休息，或监视领地或窥视猎物。

如果家里同时养着猫和狗，它们之间就会建立一种真正的亲密关系。但是这种个体间的特殊感情并没有普遍意义。

个体间的安全距离（续）

几厘米及以上：从焦虑到痛苦

我面对着一个捕食者或者一个不认识的人：此时，猫咪谨慎的天性会促使它待在一个合理的距离之外。当你试图接近它时，如果它跑开了，说明它并不想和你互动。如果它待在原地没动，或者更好的是，朝你走过来了，那就表明它对你很感兴趣。但请注意，如果你越过了猫咪的安全距离，而它处于一种无法逃跑的境地，那么它的反应可能会非常激烈。

我很焦虑：此时猫咪的心情很不好，不愿意同他人进行身体接触。如果它跳到你的膝盖上，你抚摸它时，它就会摇动尾巴表示生气。这时候赶快停止抚摸，不然就真的要惹怒它了。

就医指南

从高处掉下或被车撞伤：受伤后的猫咪异常敏感，千万不要与它有任何身体接触。想要搬运它时，请缓缓靠近，用厚毯子将猫咪包裹住，以免被它咬伤或抓伤。

猫咪必须有一个高处的“避难所”，在那儿它能够悄悄观察周围的环境，这样它才会感到安全。

姿势

☆ 姿势是身体的整体轮廓，能够让人大致判断出猫咪的情绪状况，再结合其他的沟通渠道，我们就能准确得知猫咪的情绪。一般来说，猫咪越是自信，它的身体高度和体积就越大；越不自信，身体高度和体积就缩得越小。

身体放低：猫咪躺卧

我正躺在垫子上休息：猫咪休息时会伸长或卷起身体，半闭着眼，此时猫咪的情绪非常平静。

我很放松自信：猫咪仰面躺着，露出肚子，爪子收起，还发出呼噜呼噜的声音。如果这时候你想去挠挠它的肚子，可以轻轻地挠一挠（大多数猫并不喜欢被挠肚子），如果发现猫咪流露出不满的迹象（尾巴摆动、瞳孔放大、耳朵向后贴），就立刻停止。

我有点瞌睡、不舒服或者很沮丧：猫咪一动不动，并没有在睡觉，但眼睛半闭，两条后腿折叠在身体下面，像是祈祷的姿势。如果猫咪刚刚做过手术或正生着病，它的耳朵还可能会稍稍向两侧耷拉。因为一动就疼，所以此时的猫咪会懒懒的，不喜欢动。

有些猫咪喜欢把身子抻得长长的，躺在舒服的垫子上睡觉，有些则睡在窗台上同时还能保持平衡，还有的猫咪喜欢在洗衣机滚筒里的衣物中间团成一团睡觉：每只猫咪都睡出了自己的风格！

关于挠肚子这件事，你尽可以去试，但接不接受就是猫咪说了算。后果自负哦！

姿势（续）

我处于防备状态：先是侧卧，随后再仰卧，瞳孔放大，嘴巴张开，尖牙和爪子露出，耳朵放低；狗狗做出这样的姿势是表示顺从，猫咪则不然，它不是要你挠它的肚子，而是在扑向敌人之前发出最后的警告。

我正在捕猎：猫咪贴地行走，尽可能不发出任何声响，以防吓跑猎物。此时猫咪脑袋放低并向前伸，睁大眼睛，瞳孔放大，眼睛死死盯住目标。

走到能够扑到猎物的范围内后，猫咪会停下来，稍稍撅起屁股，后腿开始在地上蹭来蹭去，以寻找最好的支撑点，并摇着尾巴表示兴奋。最后，猫咪会猛地扑到猎物身上，张开所有爪子，用两只前爪抓住猎物。如果你下班回家时看见猫咪摆出了这副架势，那就要小心你的脚踝了：它很可能是把你的脚踝误认为老鼠了！（参见“捕食攻击”一节）

我吓坏了：猫咪在装死时会把爪子都收起来，身子蜷缩，垂下眼皮，希望用这种姿势使对手冷静下来，避免和它发生冲突。即使摆出了这种姿势，在生命受到威胁时，猫咪还是会毫不犹豫地发动攻击。

这幅图和41页中的猫咪身体姿势很类似，但41页的姿势表示猫咪很放松，在向你发出邀请，而这里的猫咪情绪很紧张，这一点从它耳朵的位置和伸出的爪子就可以看出来。

猫咪蜷缩着身体潜伏着，准备跳跃，身体因兴奋而颤抖，此时它正准备全力一跳扑向猎物。

姿势（续）

身体抬高：情绪紧张

我准备进攻：猫咪试图通过抬高身形来恐吓和逼退对手，以避免开战。此时它会挺直四肢，拱圆后背，好让自己看上去更大更强壮。猫咪身上的毛也会竖起，使它的身形在视觉上变大。它会像螃蟹一样移动，头缩进肩膀里，尾巴上的毛炸开，瞳孔缩小并死死盯住对手，耳朵向两侧卧倒。它还会张大嘴，露出尖牙，向对手低声怒吼。这种姿势也被称为“拱背”，是猫咪保卫领地的典型姿势。

脊柱前凸：交配时节

我发情了，准备好交配了：母猫开始叫春，打滚，在物体和人身上蹭来蹭去，更喜欢被抚摸，对公猫也不再抗拒，有时还会尿尿留下记号。在发情期的母猫大腿后侧轻轻一蹭，它就会从前面蹲下来，抬起屁股，把后背凹向腰部以下（脊柱前凸）。在这个姿势中，猫咪后腿着力，尾巴倒向一侧，如果对方是一只帅气的公猫，母猫就会保持不动，让公猫抓住自己的颈背并骑在自己身上，开始交配。

当公猫抽身离开时，母猫会发出一声尖叫，转过身来，可能会抓伤它的伴侣。

很多猫咪在发怒时，如果采用了这种典型的螃蟹式走步，其实就不太会发动攻击了……不得不说，它们采取这种姿势的目的更多是恐吓而不是引战。

喵喵叫，后爪踩地，背部下凹，尾巴向侧面倾斜：没有一只公猫能抗拒这样的邀请！

皮毛状态

☆ 猫咪清醒状态下大约三分之一的时间都在梳理毛发！梳毛能让猫咪保持皮毛的清洁和光泽，可以通过唾液的蒸发来调节体温，并刺激产生内啡肽——这种众所周知的荷尔蒙对猫咪的健康很有益处。过少或过度的梳理都会对猫咪的皮毛产生直接的影响。

梳毛过少：不修边幅？

我不能胜任打理毛发的工作！如果你家的猫毛发较长，尤其是波斯猫，那么仅靠猫咪自己是不能完成保养皮毛这项工作的，所以需要主人每天帮猫咪梳毛。这些猫咪在没有外界帮助的情况下，它们的毛发会粘在一起，乱成一团，还会结成无法解开的毛疙瘩。这种情况下，把毛剃光就成了唯一的解决办法！

就医指南

我关节疼痛或过于肥胖：疼痛或肥胖导致猫咪活动不灵活，不能梳理到身体某些部位的毛发。背部下方和大腿后部就会形成大团毛球，肛门周围也会因缺乏清理变得很脏。带猫咪去看兽医，如果是肥胖引起的活动不便，请兽医为其制定一套严格的减肥食谱；如果是因为关节疾病，请兽医为其进行消炎治疗，这样就能缓解猫咪的皮毛问题。

我生病了或情绪沮丧：猫咪丧失了生活的动力，无心打理毛发。它的毛发变得很脏也失去了光泽。如果是这种情况，立刻带猫咪就医，进行健康检查。

一只健康的猫每天要用它那表面粗糙的舌头梳好几次毛。就算这样，你也要定期给猫咪梳毛，防止猫咪吃下太多掉落的毛而引起消化不良。

皮毛状态（续）

梳毛过多：洁癖？

我长跳蚤了： 如果猫咪花很多时间梳理背部下侧和大腿内侧的毛，说明它在清理跳蚤。它的毛会变得稀疏，皮肤发红并有结痂。有时在给猫咪检查毛发时会发现跳蚤在毛里跑来跑去，但猫咪会不停地舔毛，使主人很难发现跳蚤的踪迹。所以我们需要留意猫咪的毛里是否有棕色的小圆点或螺旋状物质——那是跳蚤的粪便，如果有，就能肯定猫咪长了跳蚤。那么怎么寻找跳蚤的粪便呢？很简单，把猫咪放在一个白色的表面上，然后用梳子梳它：跳蚤的粪便就会掉下来，在白色的表面上非常明显。

我很焦虑： 猫咪会试图通过梳毛来消除紧张情绪。由于过多地舔舐毛皮，猫咪的下腹部、大腿后侧或身体两侧会出现大面积的无毛区域，但它的皮肤状态并没有问题。这种脱毛现象通常还会伴随着其他焦虑症状（如好斗、做标记、不清洁、食欲过盛……）一同出现。

爱猫须知

狗和猫身上的跳蚤会相互传染。有些人认为只有狗会染上跳蚤，猫则不会，这是一种误解。其实恰恰相反，猫咪有外出的习惯，对经常去的地方也不加选择，所以往往猫咪才是把跳蚤带回家的罪魁祸首。

跳蚤幼虫喜欢藏身于地毯、靠枕、毛毯等里面，如果发现猫咪身上长了跳蚤，必须将室内所有这些地方系统地清理一遍。

尿液标记

☆ 尿液标记既是一种视觉标记（一块可见的尿液斑点），也是一种嗅觉标记（尿液中有信息素）。尿液标记能吸引其他猫咪，它们会用裂唇嗅反应去闻这些标记，然后也会在相同的地方留下一点自己的尿液……然而如果猫咪们把尿液记号留在屋子里，就很让主人头大了！

尿液中的性标记：爱情，爱情，还是爱情

我在寻找一名性伴侣： 猫咪会选择一个垂直的支撑物（树、柱子、门框、家具、墙壁……），闻一闻，然后在上面摩擦它的脸颊，好留下面部的信息素，随后转过身来，竖起它的尾巴，开始抖动，然后……水平喷出一股尿液。喷出的尿液中含有性信息素。处于繁殖年龄的猫咪闻到这种信息素就会知道，有一只猫咪正在寻找性伴侣。这就像是在发布征友广告一样！

爱猫须知

猫咪到了青春期后，在荷尔蒙（雄激素或雌激素）的影响下，尿液中的性标记就会被激活。发情中的母猫尿液中会出现性标记，而公猫在母猫性标记的刺激下也会在尿液中产生性标记。性标记在正常公猫尿液中出现的概率会比母猫更大。做完绝育后这种自然的行为会被抑制。

没有必要因为发情或正在寻找伴侣的猫咪随处撒尿而生气：用尿液做出性标记是一种它们与生俱来的行为。主人可以考虑为猫咪绝育。

尿液标记（续）

尿液中的不安标记：警告信号

我因环境改变而感到压力： 搬家，更换家具，过度清洁房屋，翻修，改变作息时间，新动物的到来，人满为患……这些因素都会导致猫咪在它的生活空间里撒尿，以此来表达它的不适。

与尿液中的性标记不同，在施放这种标记之前，猫咪并不会摩擦面部留下信息素，而且这时的尿液中含有告警信息素。这是猫咪在应对压力较大情境下的正常反应。即使你当场抓住了它随地撒尿，也不要惩罚它，否则只会让事情变得更糟。试着找出并消除令它不安的因素。为了让猫咪舒缓情绪，可以在扩散器中放上舒缓信息素并摆放在主房间中，或先用醋水清洗尿痕，再把舒缓信息素喷洒在上面。如果这样还不能缓解猫咪的紧张情绪，就去问问兽医吧。

爱猫须知 ❤

来自外部的未知气味可能会给猫咪带来相当大的压力。为了不惹恼它，最好将鞋子、包、婴儿车等物品放在门口或衣帽间里。

消除引起猫咪紧张的因素、改善环境、使用信息素，通常这三招就足以让猫咪找到回家的感觉了！

面部标记

☆ 面部标记是一种能够舒缓猫咪情绪的记号。猫咪太阳穴、下巴、嘴唇、口鼻和脸颊等处的腺体分泌信息素，可以留下面部标记。这种标记主要用于猫咪的领地管理和社交，也就是说猫咪会用这种信息素标记它的猫篮、房门。如果你抚摸它，它也会在你的手上留下信息素。

社交面部标记：朋友，兄弟

我去见一个人类或动物朋友，现在开心又放松：猫咪会用头在它的朋友身上蹭来蹭去，在朋友身上留下舒缓镇静的信息素。这种标记能让猫咪识别出这是一个它熟悉的个体，能给猫咪带来安全感。这种信息素会随着时间的推移而消散，所以必须经常蹭蹭，定期更新。

领地面部标记：圈画领地

我在自己的领地里散步，悠闲又平静：猫咪会在自己领地的显著位置（家具、门框、椅子腿、沙发、树木、花园棚子……）上摩擦脸颊、嘴唇或下巴。在这些位置留下的信息素能使它平静并获得安全感，还能帮助它更好地定位。这些面部信息素会随着搬家或更换家具而消失，使猫咪感到十分不安，并可能引发猫咪四处排尿留下标记（见“尿液中的不安标记”一节）。

友好的猫和狗互相留下表示友好的社交面部标记。

你的家具就像是猫咪会定期重新启动的安全信标。

恐惧警报标记

☆ 在恐惧或压力巨大的情况下，猫咪的肉掌上会出汗，并会排空肛门腺。这是一种不受控的本能反应！虽然汗液往往难以被人察觉，但从肛门腺传出的难闻气味却很难掩盖……无论如何，一旦另一只猫察觉到了这些信息素，就会立刻警觉不安起来。

脚掌标记：爪子出汗

我很害怕或压力很大：猫咪发现自己处于一种不舒服的状态，比如在兽医的检查桌上，极力想要脱身出来。它会吓得大量出汗，甚至桌子上都会留下轻微的汗渍。此时的汗液中含有由爪子之间的皮脂腺和汗腺分泌的告警信息素，能够警告其他猫咪最好避开这个地方。

爱猫须知 ❤

这种因恐惧出的汗和猫咪在酷热中出的汗并不相同。猫的汗腺只分布于爪子底部。天气炎热时，猫咪爪子的肉垫上会出汗，同时嘴巴也会不停地喘气（见“嘴巴”一节），这样有利于它排出热量。

在重要的约会中你会紧张得手心出汗吗？猫咪也一样，紧张时它爪子上的肉垫也会变得湿漉漉的。

恐惧警报标记（续）

肛门腺标记：SOS

我被吓呆了： 猫咪受到巨大的惊吓时会清空它的肛门腺。肛门腺也称肛门囊，一直延伸至猫咪体外，像两个小口袋一样挂在肛门两侧，通过两条排泄管与直肠相连。肛门腺会分泌一种略微浓稠的淡褐色液体，其中包含了大量告警信息素，表明猫咪情绪十分紧张。这种标记液体的味道十分难闻，只要猫咪释放了这种告警标记，你就一定能闻得到！

爱猫须知

如果你在看兽医的前一天给猫咪买了一个新的运输箱，或者更糟糕的是，你从别人那里借了一个充满其他猫咪留下的恐惧气味的旧箱子，等着瞧吧，你的猫绝不会心甘情愿地进去。一只拒绝进到运输箱里的猫很快就会变身“老虎”！避免战争的办法是让猫咪从小就习惯运输箱。此外，在引导猫咪进入箱子的前15分钟，先用一种基于面部分泌的舒缓信息素喷雾喷洒箱子内部，这样能够使猫咪更加安心。

猫咪在恐惧时会排空它的肛门腺体，这种分泌物能向它的同伴们传递信号：这个地方应该避开。

抓挠

☆ 猫咪的爪子就像一把货真价实的瑞士多用途军刀，可以用来攀爬、捕猎、自卫、标记领地，还能用来帮猫咪伸展四肢。爪子会持续不断地生长，所以猫咪需要定期在不同的支撑物上磨爪子，比如树干、客厅沙发、纸板做的猫抓板……当然还有许多其他地方！

领地标记：这是我的家！

我很兴奋，我声明对这块地盘的所有权：猫咪会选择一个显眼竖直的支撑物（树、柱子、挂毯、墙、家具……），把它的前爪插进去，然后竖直地拉向地面，在上面留下几道长长的口子。在抓挠的过程中，猫咪足底的信息素会留在被抓的物品上，这样就能同时以视觉和嗅觉两种方式标记这里是它的地盘。

猎物稀少时，猫咪会在私密的区域（排泄、休息或躲避的地方）和狩猎区附近做出这种抓挠的标记，告诉其他猫不要踏足它的地盘。抓挠的过程中，猫咪还能去除旧的角质外壳，磨利它的爪子。猫咪情绪焦虑时，比如搬家之后、有入侵者进入它的领地、周围猫咪数量过多，或被困在某个地方出不去时，抓挠的频率就会上升。

对着窗帘一通乱抓，在沙发扶手上留下长长的口子，祸害厨房里的木制家具……快给它一个猫抓板吧！

抓挠（续）

拉伸：唤醒肌肉

美美睡了一个午觉之后我要活动一下筋骨： 睡醒之后，猫咪会先打个哈欠，然后，下巴与地面齐平，屁股高高抬起，背部凹陷，伸展前腿。这个动作结束后，它将前腿竖直，身体前倾，保持背部扁平，再依次拉伸后腿。伸展四肢可以帮猫咪活动身体，缓解疲劳，强壮肌肉，软化关节，在这个过程中还能磨利爪子，去除旧的角质外壳。猫咪伸展时在支撑物（地毯、门垫、扶手椅……）上留下的痕迹，对其他猫并没有信号价值。

爱猫须知

如果猫咪不能出门，这种自然的抓挠行为很快就会引发“家庭问题”。尤其当猫咪磨爪子的对象是皮革沙发或门厅挂毯时，主人就更头疼了！为了避免这种情况，可以给猫咪装几个纸板或剑麻材质的猫抓板，安装要稳固，最好垂直放置，把猫抓板放在猫咪的必经之路和休息的地方附近就可以了。

猫咪是位经验丰富的运动员，它会在午睡后伸展肌肉，稍微热一下身，为之后出门捕猎做好准备。

身体接触

☆ 触摸是所有动物最早发展出来的交流方式。它在猫咪的整个生命过程中无处不在：幼年时期，小猫和母猫生活在一起，母猫会用舌头用力地帮小猫清理身体；繁衍后代时，公猫母猫会互相爱抚；抚摸更是存在于猫咪与周围的人或动物共同生活的每时每刻。在我们的社会中，与亲密关系之外的触摸往往是不被允许的。但猫咪却填补了这一空白，它们通过寻求和接受与人类的身体接触，刺激"撸猫人"的大脑释放催产素，这种激素也被称为"快乐荷尔蒙"。难怪猫咪在人类社会中混得如鱼得水！

鼻子碰鼻子：完全信任

我和朋友在一起： 猫咪会用鼻子对鼻子的方式表达对你的喜爱。猫咪之间经常用这种方式来表示友好。由于人类与猫咪的鼻子大小不同，接触起来会困难一些，所以猫咪和人类鼻子碰鼻子的时候会少些。但如果你和猫咪睡在一起，就很可能会被这种非常友好的"吻"唤醒哦。

爱猫须知 ❤

猫咪鼻头的温度和湿润程度与其体温没有任何关联。鼻头的温湿度在一天之内会根据环境和猫咪的活动（在火炉边打盹儿、外出……）发生变化。只有通过直肠测量的体温才能证实猫咪有没有发热（猫的体温高于39℃时为发热）。

猫咪和主人关系十分亲密时，它会通过这种鼻头对鼻头的“吻”来表达它对你的喜爱，有时还会友好地舔你两口呢！

身体接触（续）

踩奶：返祖的快乐表现

浑身暖洋洋地躺在喜欢的人的膝盖上，我好开心： 躺在主人膝盖上时，猫咪先后把两只前爪顶到你的肚子上，指头伸出，爪子或多或少地收起来，做出“踩奶”的小动作，随后，它就会把头靠在你身上，在你的膝盖上安心睡去。猫咪的这种习惯来源于幼崽时期，小猫在吃奶前会揉捏母猫的乳房以刺激奶阵的产生。

舔：此生挚友

我和我爱的人在一起： 如果两只猫关系亲密，它们就会互舔。两只猫互蹭脸颊，留下社交面部标记，再互舔，会大大拉近二者之间的社交关系。猫咪互舔还有一个很实用的好处，就是能让它们互相清洁到自己很难够到的区域，比如头部和颈部。猫咪的舌头像一把锉刀，上面长着许多向后凸起的小刺，要是被它舔上一口可没那么舒服，但不要责怪它，它这是在向你表示友好呢！

在“踩奶”或“捏踩”的过程中，猫咪的爪子有时会钩住你的衣服。原谅它吧，这哪是它能控制得了的呢。

猫的舌头上长满了角质的凸起，方便它把肉从骨头上分离出来和清洁皮毛……但对于人类娇嫩的皮肤来说，被舔上一口可就有点受不了了。

身体接触（续）

摩擦：我们心有灵犀

在熟悉的人面前我很放松，心情很好：面对熟悉的人，猫咪会四爪着地直线行走，同时耳朵直立，嘴巴紧闭，尾巴竖起，一边用头和身体侧面蹭你，一边发出呼噜呼噜的声音，它这是在把能令它平静的信息素蹭到你身上（见“社交面部标记”一节），同时这种摩擦接触也能让它快乐。这是猫咪在用自己的方式向你表示亲近。随着你和猫咪的接触日益加深，这种表示友好的接触可能会逐渐代表一种特殊的要求：该给我开饭啦，帮我开门，摸摸我吧……从小猫崽还在妈妈肚子里的时候，你就可以开始抚摸它了，小猫越早被人抚摸，长大后就会越享受抚摸，并要求更多的抚摸。爱猫人士又多了一条撸猫的理由！

爱猫须知 ❤

关于被撸，每只猫都有自己的喜好：猫咪的耳朵后面、下巴下方和背部都是撸猫的好位置。相反，很少有猫会喜欢别人挠它的尾巴底部和肚子。

窝在怀里：抱着本宝宝！

我和自己爱的人在一起，高兴又有安全感：面对亲近的人，猫咪会把头伸进你的怀抱，团在你的膝盖上，然后再打个盹儿。和“踩奶”一样，猫咪的这种小习惯也源于幼崽时期的行为，小猫爬进母猫温暖柔软的腹部，在那里取暖并找到一个乳头吃奶。

有些猫咪特别黏人，主人一坐下就跳到主人身上，然后一头拱进主人的怀里美美地睡上一觉。

攻击

✲ 独自在野外生活时，除了捕猎（但其实这并不是真正意义上的攻击）、驱赶求偶对手和保卫自己的领地外，猫咪几乎没有机会亮出自己的爪子。与人类生活在一起时，沮丧的情绪和恶劣的生活条件有引发猫咪发动攻击的风险。

为争夺地盘而攻击：禁止进入！

我不允许入侵者进入我的领地： 发现入侵者时，猫咪会低声怒吼，喉咙发出咳痰声，脊背隆起，尾巴上的毛炸开，怒目圆睁。如果这一系列的恐吓姿态还不足以威吓对方，它就会准备发动攻击了。城市中生活的猫咪数量过多，导致城中寸土寸金，因此这里的猫咪经常会因为领地之争而发动攻击。

出于恐惧而攻击：离我远点！

这个人离我太近了，超过了我能忍受的安全距离，我感到了威胁而且逃跑无望： 这种情况下，猫咪会放低身体姿态，耳朵向后紧贴，瞳孔放大，同时低声怒吼以恐吓敌人。猫咪此时惊恐无比，会不受控地排空肛门腺中的分泌物或出现大小便失禁的现象。如果这时对方仍不顾威胁执意靠近，猫咪将发动异常猛烈的攻击。

公猫们经常会在公园里大打出手，有时会以撕破耳朵或残忍咬伤而告终。

攻击（续）

因恼怒而攻击：别再摸我了！

别再抚摸我了，这个护理（清洁耳朵、刷毛、包扎换药）太难受了，我受不了了，或者我只是累了，又或是皮肤不舒服，我只想静静：在这种情绪下，猫咪的耳朵会向侧面倾斜，瞳孔放大，它还会摇动尾巴表示愤怒，伸出爪子表示警告，并可能开始低声怒吼。如果这时它做出了一些反抗行为（如抓人、咬人），只要你停止惹怒它的行为，猫咪的攻势就会缓和，随后停止。所以在抚摸猫咪时，切记猫咪出现恼怒的迹象就立刻停手，那么你和猫咪之间绝对能够和平共处。

捕食攻击：变身猛虎

我看到了一个真实（或假想）的猎物，我要扑向它，抓住它：发动捕食攻击时，猫咪会缩紧身体，瞳孔放大，随后猛地跳起扑向猎物，抓住它并开始撕咬。猫咪对老鼠或玩具发动这样的攻击是一种很正常的行为。但如果它对人类的小腿或手臂也发动同样的攻击，那就是意外事故了！当猫咪不适应当前的生活条件时，比如生活在封闭的空间里，活动不足，一天只吃两顿饭……通常就会爆发这种暴力行为。如果你的猫咪突然变身成了一只猛虎，带它去看看兽医吧。兽医会帮你找出猫咪性情大变的原因，必要时还会给猫咪开具一些药物。

你的猫咪如猛虎一般扑向玩具或猎物是正常现象，但如果它用同样的方式对待你的小腿，那可就不正常了！

猫砂的使用

☆ 正常情况下，猫咪会在它的猫砂盆里排泄。但受到干扰时，猫咪那为人称道的爱干净的习惯可能就会让你失望了……要想知道出现这种情况的原因，首先要弄清它只是弄错了撒尿的地方，还是在故意撒尿做标记。正常排尿时，猫咪会蹲着且尿量很大，在患有膀胱炎的情况下猫咪的尿量会变小，同时尾巴呈水平状支撑。如果是撒尿做标记，猫咪则会站着且尿量很小，尾巴呈直立状高高竖起。猫咪撒尿做标记的原因我们在前文中已经讨论过了，在这一部分中，我们来看看猫咪随地撒尿的原因。

胡乱撒尿：脏脏猫？

我妈妈没教过我正确的如厕礼节： 如果你的猫咪没和猫妈妈一起生活过，过早地与猫妈妈分离，或者从没使用过猫砂盆，都可能导致它随地撒尿。要想教会它和人类一起生活定点撒尿的习惯，需要把它关在一个铺瓷砖的小房间里（瓷砖容易清洁），放进一个敞开的猫砂盆，在里面装满干净的猫砂，再放上猫咪的饭碗和睡觉的猫篮。比起令它不舒服的瓷砖，猫咪天然地就更喜欢在猫砂里大小便……等猫咪学会了如何使用猫砂盆后，就可以让它进入你家的其他地方了。

如果猫妈妈好好教过小猫各种习惯，小猫在人类家庭中也受到了良好的对待，那么大多数猫都会是“爱干净的”，这一点仿佛天生就刻在它们的基因里了。

猫砂的使用（续）

我不喜欢我的厕所：猫砂盆可能放在了猫咪的碗旁边、过道的地方，猫砂盆清理不善、气味难闻，猫砂放得不够多，或者它必须与其他猫咪共用一个猫砂盆……这些情况都会导致猫咪不愿意接近它的猫砂盆。一个不小心就惹猫咪不高兴了！为了让猫咪喜欢自己的猫砂盆，要把猫砂盆放在一个容易接近的角落，这个角落需要足够偏僻、安全，并且远离猫咪休息、游戏和进食的区域（至少2米远），还需要保持这个地方的清洁。如果你同时养了好几只猫，要保证猫砂盆的数量比猫咪的数量多一个。为了彻底杜绝猫咪在猫砂盆之外的地方撒尿，还要用醋水把猫咪尿在外面的痕迹擦洗干净，再在它胡乱尿过的地方放一碗猫粮、一件家具或一个花盆。

猫砂盆会引发我不好的回忆：猫咪曾经在猫砂盆附近感到过害怕或疼痛，并将这种不适与猫砂盆联系在了一起。我们需要把猫砂盆打造成一个保护区，也就是说，当猫咪待在猫砂盆附近时，任何情况下都不要做它不喜欢的事，最重要的是，绝不能在猫砂盆区域内打骂它。

如果猫咪尿在了猫砂盆之外的地方,首先要问自己两个重要的问题:“猫砂盆定期清理了吗?”“猫砂盆摆在安静且容易到达的地方了吗?”

猫砂的使用（续）

我不开心: 可能猫咪不喜欢家里又多了一个新宠物，吃不惯它的新猫粮，不适应吃饭时间的调整，受到了惩罚正在生气……这个时候它通常就会在一些特定的物品上撒尿，比如内衣、鞋子、床单……在水中倒一些白醋用来清洁猫咪的尿液，千万不要使用漂白剂，因为猫咪特别喜欢漂白剂的气味，这会刺激它在上面再次撒尿以留下标记!

就医指南

我生病了: 猫咪大小便失禁，或者病得没有力气，无法走到猫砂盆里。如果并不存在前文提到的那些情况，猫咪仍然随地撒尿，那么在训斥它之前，一定先带猫咪去看一下兽医。兽医会检查是否存在其他可能的医学原因，如泌尿系统疾病、导致水摄入量和排尿量增加的糖尿病，或骨关节炎发作，这些都是年纪较大的猫咪容易罹患的疾病，患有这些疾病也会导致猫咪在猫砂盆之外排泄。所以请主人花些时间好好分析当下的情况。在猫咪清洁状况恶化时，通常需要进行一番仔仔细细的调查。

爱猫须知

猫咪对于自己使用的厕所的气味十分敏感。为了避免惹其反感，不要在它的厕所用品上使用除臭剂，最好也不要使用带有香味的猫砂。在清理猫砂时，记得每次都留下一小部分干净的旧猫砂，这样能保留猫咪厕所原有的味道。

如果猫咪生病了，肯定不能保证每次都有力气或时间能走到猫砂盆里大小便。

食欲

☆ 猫咪的食欲是由它的大脑调节的。大脑通过神经和激素接收信息，使其能够根据自身需要调整食物的摄入量。食物的配比和好坏、猫咪的情绪和健康状况都可能使这套机制失常，导致它食欲的丧失或增加。如今，超过25%的猫咪都存在超重问题。

食欲不振：为爱痴狂？

我恋爱了： 你的猫咪不愿意浪费时间在吃东西上，而是在忙着追求帅猫靓咪。猫咪的态度越矜持，就越容易不吃饭。绝育能从根本上消除这种为爱冒险、不可抑制的渴望，以及与之相关的一系列不便。

我在别处吃过了： 你的猫咪并没有失去食欲，只是结识了新邻居而已……别人家的饭更香。如果你怀疑是这种情况的话，只要去周边稍稍调查一番就明白了。

公猫如果没有做过绝育，那么交配和延续下一代对它来说就永远是第一要务，有时甚至会为此忘记吃饭。

食欲(续)

我很挑剔: 猫咪不喜欢你刚给它买的新食物,它对自己的餐盘嗤之以鼻。“本喵高贵精致的名声还要不要了!”快把它爱吃的还给它,一切就会恢复正常了。

就医指南

我生病了: 你的猫咪发热(体温高于39℃)了,或患有抑郁症、牙齿疾病、消化系统疾病、梗阻或慢性疾病(慢性肾衰竭、晚期糖尿病、癌症……)时,也会出现食欲不振的现象。这时候必须带它去看兽医,做一些血液检查才能确诊。

爱猫须知

注意: 猫咪长期厌食会导致肝病及其并发症,这一点在体重超标的猫咪身上尤甚。如果你的猫咪超过48小时一直拒绝进食,就赶快带它去看兽医吧。

注意：猫咪在食欲上的任何变化，都可能与它的健康状况息息相关。

食欲（续）

食欲过盛：太饿了！！！

我太贪吃了：你的猫咪对新买的猫粮很是满意，尤其最近它也没什么其他事干，所以就对“吃”这件事上了瘾。更糟的是，你还对它的伙食无限供应！所以请主人精确计算猫咪一天所需的食物量，在一天中分几顿让它进食。也别忘了给猫咪找点其他的事情做，以转移它的注意力……

我有贪食症：你的猫咪很焦虑，试图在食物中寻找慰藉。如果是这种情况，那么首先保证它的食盆里一直有猫粮供应，同时控制它进食的量。改善它的生活环境，主人不在时给它提供一些其他的消遣娱乐，以让猫咪的生活变得更加美好愉悦。

我在服用药物：你的猫咪在服用有增加食欲副作用的药物（皮质类固激素、避孕药）期间，也会出现食欲增加的现象。

就医指南

猫咪生病了：猫咪在老年阶段尤其易感染消化系统寄生虫，易患糖尿病或甲亢等疾病。这些疾病需要验粪便和验血才能确诊。

爱猫须知

当猫咪的体重超过“理想体重”（生长后期体重）10%时，就被认为是超重。当它的体重高出“理想体重”30%以上时，就属于肥胖症了。比如，一只猫咪的理想体重为4千克，当它的体重超过5.2千克，即为肥胖。如果你家的猫咪属于这种情况，立即带它去看兽医并为它制订节食计划：肥胖是许多疾病的根源。

多运动和均衡膳食有益于猫咪的健康，对你也是同样道理！

食欲（续）

偷窃食物：小偷小摸

我快饿死了： 如果你只在每天早上和晚上给猫咪喂食，剩下的时间里它的肚子都饿得咕咕叫，猫咪就会偷东西吃。如果想让猫咪改掉偷食物的毛病，就需要每天多次给猫咪喂食，每次少量，或者如果有条件的话，给猫咪换一个自动喂食器吧。

我太喜欢这种食物了，我控制不住我自己： 你要理解你的猫咪，别忘了，它可是一个机会主义的掠食者！它天生就无法抗拒诱惑。为了避免偷窃事件再次发生，记得不要把食物留在桌子上。

或者，如果你对猫咪的这种小癖好持放任态度，那就把食物留在那儿任它去偷吧。

爱猫须知 ❤

猫咪喜欢一天中随时都有猫粮供应或者一天来几顿小餐。事实上，猫咪喜欢一会儿来一点小零食，每天最多能吃16顿饭。但是，一定要记得定期给猫咪称体重，以便根据它的体重调整猫粮的量，避免猫咪超重，特别是做过绝育的猫咪更容易发胖。

还有，大多数的猫咪都喜欢多样化的饮食。这并不是简单的喜好无常，而是猫咪保证自身营养均衡的一种手段。

如果你不想要猫咪养成偷窃的习惯，就不要把食物留在餐桌或厨房的台面上，这样很容易引诱猫咪犯错。

习惯：你们之间的共同语言

☆ 某种最初的行为被赋予了特定含义后，就会变成一种习惯。当猫咪和人类生活在一起时，它会不可避免地养成一些与人类交流的特定习惯。比如猫咪想叫醒主人时就会去舔他，爬上水槽是想让主人打开水龙头，用鼻子推主人的手是想得到主人的爱抚，用爪子挠门是想让主人帮它打开门，在冰箱门前喵喵叫是想吃东西……

我所有的行为都可以被培养成习惯：只要一个爱抚、一句鼓励的话、一块食物做"奖励"，就足以训练猫咪养成一种习惯。如果你的猫咪每次用后腿直立的时候都能得到爱抚，那么它很快就会学会——每次想要爱抚的时候就会用后腿直立。这种行为对它来说就意味着："摸摸我。"

注意不要让猫咪养成不好的习惯：不要无意中让猫咪养成完成某种行为就能得到奖励的习惯，小心猫咪会因此养成一些坏毛病。如果猫咪在凌晨3点跑到你的耳边喵喵叫，你用食物把它打发走，那可要小心了：它会乐此不疲地每天凌晨来烦你。

如果猫咪真的养成了这种坏毛病，可以给它留下一些猫粮，夜里不再回应它的请求。它还是会坚持这种行为一段时间，但最终会放弃的。关键就在于你要比它更固执！

猫咪总是晚上把你叫醒想出去逛一圈吗？给它装一个猫洞或者跟它分屋睡吧！

习惯：你们之间的共同语言（续）

我的一些习惯是在幼年时期形成的，比如觅食反射和踩奶：猫咪长大后，幼年时期的本能就会消失，这一时期的习惯会逐渐变成一种消遣需求、一种享受。

好习惯让我心情愉悦，使我和主人之间的关系更融洽：这种习惯的数量是无限的，你和你的猫咪可以随意发明，培养它们。每一个习惯都是独一无二的，只有在自己的家庭中才有意义。这些习惯使你和猫咪之间的关系变得独特且不可替代。这种沟通与猫咪的幸福感息息相关，有助于它融入心目中的家庭。

习惯是一些我们和猫咪之间共同的小乐趣，它丰富了我们的生活，能帮助猫咪成为家里的核心成员。

结语

想要掌握猫咪的语言，最重要的是要学会洞察猫咪的情绪。

这也是与它建立一段长期和持久关系的必要条件。通过阅读本书，学会用“猫咪同理心”去理解猫咪的感受，那么你就几乎不会再对猫咪的行为有不解之处了。但不管怎样，让它保持一点神秘感也好，否则它就不是猫了！

你要分担猫咪的痛苦、悲伤、欢乐和渴望，让它生活得幸福快乐。当然，猫咪并不会用说的言语来表达它的感情，但没有关系，因为语言的表达并不一定总是要说出来，反而身体表达出的“语言”却从不会撒谎……

最后为读者们奉上一则忠告：不要试图对猫咪撒谎。它只要看你一眼就能读懂你的心思。这就是猫咪的魅力所在！

Rrroonz
Twiiiz...
Rrrrr
Rrr
Les
Chats

性格各异的猫咪

☆ 不同品种的猫咪性情各异。下文中列举了三十多种最受铲屎官青睐的猫咪和它们的性格特点，看完这些足以让你成为一个猫咪通！

阿比西尼亚猫

阿比西尼亚猫活泼、聪明、好动，好奇心强，对玩耍和空间的需求很大。有一点黏人，但并不爱叫。

土耳其安哥拉猫

土耳其安哥拉猫敏捷、爱运动，极擅攀爬，喜欢玩水。与人亲近且“健谈”，有时会有些侵略性。

欧洲短毛猫

欧洲短毛猫机敏、灵巧，城市和乡村的生活环境都能适应。它是个厉害的猎手，狩猎时会把爪子隐藏起来，十分冷静。

异国短毛猫

异国短毛猫是短毛猫和波斯猫交配繁育的品种，它保留了波斯猫部分谨慎的性格，又从短毛猫那里继承了喜欢游戏和好奇心强的特点。

东方猫

东方猫活泼又淘气，特别喜欢跟人交流，渴望得到主人的爱抚。如果家里有一只东方猫，或者是它的近亲暹罗猫，那么你的日子一定不会单调乏味。

巴厘猫

巴厘猫好奇心强，喜欢到处闲逛。它们活跃可爱，喜欢和主人“交流”，但不像暹罗猫和东方猫那样喜欢独占主人。

孟加拉猫

孟加拉猫活泼、好动，充满活力，需要锻炼自己的狩猎技巧，如果不能练习捕猎，它就需要通过玩、跑、跳、爬来释放过盛的精力……孟加拉猫喜欢趴在高处巡视自己的领地，也喜欢玩水。

英国短毛猫

英国短毛猫安静、稳重，举止端庄，性格随和，魅力四射，声音甜美柔和。同时，它也是一个可怕的猎人。

英国长毛猫

英国长毛猫和短毛猫一样，性格安静，喜欢亲近主人。

美洲缅甸猫

美洲缅甸猫健谈，善交际，与人亲近，性格随和，喜欢和人待在一起，享受家庭生活。它有时候有点黏人，是个出色的猎手。

英国缅甸猫

英国缅甸猫安静、优雅，与人亲近，爱玩，有时有点话痨。它性格随和，情绪稳定，颇得中庸之道。

波米拉猫

波米拉猫性格友善、冷静，性情和缅甸猫非常接近，因为它们拥有共同的祖先。

夏特尔猫

夏特尔猫活泼、适应性强、好动、聪明，善于捕猎，对于城市和乡村的环境都能很好适应。

柯尼斯卷毛猫

柯尼斯卷毛猫性格外向、喜社交、好奇心强、爱玩、无畏、调皮，甚至有点活泼得不像只猫，是家中活跃气氛的一把好手。它喜欢与人为伴，是家庭生活中十分积极的参与者。

德文卷毛猫

德文卷毛猫好奇心强、调皮，身姿矫捷，喜欢做各种各样的事情吸引主人的注意。它十分亲近人且黏人，有时甚至黏得烦人，这是因为它特别害怕孤独！

缅因库恩猫

缅因库恩猫虽然身形巨大，内心却很柔软，十分温顺。它性格活泼、好动，是个十分出色的猎手，饲养这种猫需要给足它活动和娱乐的空间。

马恩岛猫

马恩岛猫非常聪明、忠诚，有时甚至有点黏人，性格和狗十分相似。马恩岛猫虽然天生性格冷静，但同时十分爱玩，捕猎能力也毫不逊色。

埃及猫

埃及猫性格活泼、顽皮、平稳，是一种温柔亲人的伴侣猫，捕猎技能十分优异。它很惹人喜爱，喜欢喵喵叫，叫声轻细、优雅。

挪威猫

挪威猫性格亲人、温和、平稳，行事谨慎。它的捕猎能力十分优异，能在短时间内把花园里天上飞的、地上跑的、水里游的一切活物通通清理干净。

波斯猫

波斯猫是一种优秀的沙龙猫，以其美丽的外表、谨慎高冷的态度和如同奥林匹斯诸神一般沉静的性格而在社交圈中大放异彩。波斯猫惜字如金，不爱和主人交流。

彼得秃猫

彼得秃猫聪明、好奇心强、好玩，每天花样百出，惹人发笑。不是上蹿下跳地没个消停，就是冲着主人喵喵呜呜一通唠叨。

布偶猫

布偶猫性情温柔，对人友善、耐心，并不爱叫。有它陪伴的时光放松又宁静。这种猫虽然非常好静，但也爱玩玩具，并喜欢与家中成员一起玩闹。

俄罗斯猫

俄罗斯猫性格谨慎、冷静，对亲近的人十分友善，性格文静，非常害羞。它的叫声柔和悠扬，很符合它的贵族气质。

伯曼猫（缅甸圣猫）

伯曼猫性格冷静、稳重，有点害羞，叫声温柔，是个天生的诱惑者。与人亲近，有时占有欲有些强，并且较为贪玩，需要主人的关注和互动。

热带草原猫

热带草原猫聪明、好奇心强、忠诚、精力充沛，有时面对陌生人会有些害羞。

苏格兰折耳猫

苏格兰折耳猫性格安静、谨慎、顽皮，非常善于交际，它柔和、谨慎的嗓音十分迷人，在任何场合下都能表现得游刃有余。它的耳朵虽然呈折叠状，但并不影响其出色的捕猎能力。

塞尔凯克卷毛猫

塞尔凯克卷毛猫性格冷静、好奇心强、调皮、宽容，与人亲近，它具备一只惹人喜爱的伴侣猫所需的所有品质。

暹罗猫

暹罗猫十分“健谈”、外向、精力充沛，没有一刻安静。它特别喜欢与人交流，无论关于什么人、什么事，它都能叽里咕噜地一顿“高谈阔论”。有它陪伴在身边，你永远不会感到无聊。

西伯利亚猫

西伯利亚猫非常聪明，它能轻而易举地打开一扇门或找到藏起来的玩具。西伯利亚猫擅长跳跃，没什么障碍能拦住它。

新加坡猫

新加坡猫调皮、好奇、外向，喜欢陪伴，对身边的一切都感兴趣。虽然体型很小，但它身姿矫捷，能很好地看守自己的领地。

索马里猫

索马里猫灵敏、活泼，喜欢玩耍，喜欢有人陪伴。它捕猎能力优异，如果家里有一个花园，它会欣喜若狂的。

加拿大无毛猫（斯芬克斯猫）

斯芬克斯猫皮肤呈乳白色，它性格温顺，从不会做什么出格的事情来吸引主人的注意和爱抚。它的性格更像一只狗、一个孩子或一只猴子，而不太像一只猫……

泰国猫

泰国猫聪明、好奇、风趣、健谈、黏人，像是猫与狗的结合体。它好像总有说不完的话，好像活着的使命就是喵喵叫。这么看来，它简直就是孤独人士的理想猫咪。

土耳其凡猫

土耳其凡猫聪明、活泼、调皮、超级爱玩耍。它喜欢跳跃、奔跑和翻滚。它还是一个游泳高手。玩得筋疲力尽之后，它就会回来爬到你的膝盖上，让你好好地抚摸一番。

猫咪与我

☆ 可以在这里客观地记录下你家猫咪的优点、特有的习惯和小缺点。这将帮助你更好地了解陪伴在身边的猫咪的真实面貌，发现它的魅力所在。

我的猫咪喜欢……

我的猫咪不喜欢……

我的猫咪喜欢……

我的猫咪不喜欢……

我的猫咪喜欢……

我的猫咪不喜欢……

我的猫咪喜欢……

我的猫咪不喜欢……

我的猫咪喜欢……

我的猫咪不喜欢……

我和我的猫咪都喜欢……

我和我的猫咪都喜欢……